V

(c.

15644

SUR

L'ATTRACTION DES CORPS SPHÉRIQUES,

ET

SUR LA RÉPULSION DES FLUIDES ÉLASTIQUES;

Par M. DE LAPLACE.

———

Nous allons transcrire ici le compte que M. de Laplace a rendu lui-même, de ses recherches, à l'Académie, dans la séance du 10 septembre 1821.

« Newton a démontré ces deux propriétés remarquables de la loi d'attraction réciproque au carré de la distance : l'une, que la sphère attire un point situé au dehors, comme si toute sa masse était réunie à son centre ; l'autre, qu'un point situé au-dedans d'une couche sphérique ne reçoit de son attraction aucun mouvement. J'ai fait voir, dans le second livre de la *Mécanique céleste*, que parmi toutes les lois d'attraction décroissante à l'infini par la distance, la loi de la nature est la seule qui jouisse de ces propriétés : dans toute autre loi d'attraction, l'action des sphères est modifiée par leurs dimensions. Pour déterminer ces modifications, je suis parti des formules que j'ai données dans le livre cité, sur l'attraction des couches sphériques ; j'en ai déduit les expressions générales de l'attraction des sphères sur des points placés au-dedans et au-dehors, et les unes sur les autres. La comparaison de ces expressions conduit à ce théorème fort simple qui donne l'attraction d'une sphère sur les points intérieurs, lorsqu'on a son attraction sur les points situés au-dehors, et réciproquement, quelle que soit la loi de l'attraction.

« Si l'on imagine, dans l'intérieur d'une sphère, une petite « sphère qui lui soit concentrique ; l'attraction de la grande

/25/

« sphère sur un point placé à la surface de la petite est à l'at-
« traction de la petite sphère sur un point placé à la surface de
« la grande, comme la grande surface est à la petite. Ainsi, les
« actions da chacune des sphères sur la surface entière de l'autre
« sont égales. »

Les mêmes expressions s'appliquent évidemment aux sphères
fluides, dont les molécules se repoussent et sont contenues par
des enveloppes. Newton a supposé entre deux molécules d'air,
une force répulsive réciproque à leur distance mutuelle. Mais
en appliquant à ce cas mes formules, je trouve que la pression
du fluide à l'intérieur et à la surface suit une loi bien différente
de la loi générale des fluides élastiques, suivant laquelle la pression, à températures égales, est proportionnelle à la densité. Aussi
Newton n'admet-il la répulsion qu'une molécule doit exercer
sur les autres, que dans une très-petite étendue ; mais l'explication qu'il donne de ce défaut de continuité est bien peu satis-
faisante. Il faut sans doute admettre entre les molécules de l'air,
une loi de répulsion qui ne soit sensible qu'à des distances imperceptibles. La difficulté consiste à déduire de ce genre de
forces, les lois générales que présentent les fluides élastiques. Je
crois y être parvenu, en appliquant à cet objet les formules
dont je viens de parler.

Je suppose que les molécules des gaz sont à une distance telle
que leur attraction mutuelle soit insensible ; ce qui me paraît
être la propriété caractéristique de ces fluides, même des va-
peurs, de celles du moins qu'une légère compression ne réduit
point en partie à l'état liquide. Je suppose ensuite que ces molécules retiennent par leur attraction la chaleur, et que leur répulsion mutuelle est due à la répulsion des molécules de la chaleur, répulsion dont je suppose l'étendue de la sphère d'activité,
insensible. Je fais voir que, dans ces suppositions, la pression
à l'intérieur et à la surface d'une sphère formée d'un pareil

fluide est égale au produit du carré du nombre de ses molécules contenues dans un espace donné pris pour unité, par le carré de la chaleur renfermée dans une quelconque de ces molécules, et par un facteur constant pour le même gaz. Ce résultat étant indépendant du rayon de la sphère, il est facile d'en conclure qu'il a lieu, quelle que soit la figure de l'enveloppe qui contient le fluide.

J'imagine ensuite l'enveloppe de l'espace pris pour unité, à une température donnée, et contenant un gaz à la même température. Il est clair qu'une molécule quelconque de ce gaz sera atteinte à chaque instant par des rayons caloriques émanés des corps environnants. Elle éteindra une partie de ces rayons; mais il faudra, pour le maintien de la température, qu'elle remplace ces rayons éteints, par son rayonnement propre. La molécule, dans tout autre espace à la même température, sera atteinte à chaque instant par la même quantité de rayons caloriques; elle en éteindra la même partie qu'elle rendra par rayonnement. La quantité de ces rayons caloriques, qu'une surface donnée reçoit à chaque instant, est donc une fonction de la température, indépendante de la nature des corps environnants; et l'extinction est le produit de cette fonction, par une constante dépendante de la nature de la molécule ou du gaz. J'observerai ici que la quantité des rayons émanés des corps environnants, et qui forme la chaleur libre de l'espace, est, à cause de l'extrême vitesse que l'on doit supposer à ces rayons, une partie insensible de la chaleur contenue dans ces corps, comme on l'a reconnu d'ailleurs par les expériences que l'on a faites pour condenser cette chaleur. Tous ces rayons forment ainsi un fluide discret d'une extrême rareté, et dont la densité, augmentant avec la chaleur des corps, peut servir à mesurer leur température, et même en donner une définition précise. Cette densité croît proportionnellement aux dilatations de l'air dans un thermo-

mètre d'air à pression constante; et, par cette raison, ce thermomètre me paraît être le vrai thermomètre de la nature : c'est
à lui que je rapporterai la température des corps. Maintenant,
pour avoir l'expression du rayonnement d'une molécule d'air, il
faut remonter à la cause de ce rayonnement. On ne peut pas
l'attribuer à la molécule même, qui est supposée n'agir que par
attraction sur le calorique; il paraît donc naturel de la faire
dépendre de la force répulsive du calorique contenu, soit dans
la molécule, soit dans les molécules environnantes. Le calorique
de la molécule étant infiniment petit par rapport à l'ensemble
du calorique des molécules environnantes, on peut n'avoir égard
qu'à la force répulsive de cet ensemble. Sans chercher à expli-
quer comment cette force détache une très-petite partie du calorique d'une molécule A et la fait rayonner (1), je considère que
l'action du calorique d'une molécule B pour cet objet, est proportionnelle à ce calorique et au calorique de la molécule A, qui
lui est égal. Je fais ainsi le rayonnement proportionnel au produit
du quarré de ce calorique, par le nombre des molécules environnantes ou par la densité du gaz. En égalant ce rayonnement à
l'extinction qui, comme on vient de le voir, est le produit d'une
constante par la température; on voit que le nombre des molécules
du gaz, multiplié par le quarré de leur chaleur propre, est proportionnel à la température. Ce rapport montre que la température restant la même, la chaleur propre de chaque molécule est
réciproque à la racine quarrée de la densité du gaz dans ses
diverses condensations; d'où il suit que, par la pression, il doit

(1) Les mouvements des molécules d'un gaz, produits par les rayons caloriques,
et dont les liquides soumis à l'action de la lumière et de la chaleur offrent des
exemples, ne peuvent-ils pas occasioner leur rayonnement, en faisant varier alter-
nativement l'action répulsive du calorique des molécules qui environnent chaque
molécule du gaz, sur le calorique de cette molécule?

développer de la chaleur. On conçoit, en effet, que le rapprochement des molécules, d'un gaz par la pression et surtout par son changement en liquide, doit, en augmentant la force répulsive de leur chaleur, en dissiper une partie.

Maintenant si, dans l'expression donnée ci-dessus de la pression du gaz, on substitue au produit du nombre des molécules par le carré de la chaleur propre à chaque molécule, la température multipliée par un facteur constant; on aura cette pression proportionnelle au produit de la température, par le nombre des molécules du gaz renfermées dans l'espace pris pour unité.

Cette proportionnalité donne les deux lois générales des gaz. On voit d'abord que, la température restant la même, la pression est proportionnelle au nombre des molécules du gaz, et par conséquent à sa densité. On voit ensuite que la pression restant la même, ce nombre est réciproque à la température qui, comme on l'a vu, est indépendante de la nature du gaz; d'où résulte évidemment la belle loi que M. Gay-Lussac nous a fait connaître, et suivant laquelle, sous la même pression, le même volume des divers gaz croît également par un accroissement égal de température.

On peut appliquer des considérations semblables, au mélange de divers gaz qui, dans ce mélange, n'exercent point d'affinité les uns avec les autres, tels que l'oxigène et l'azote, dans l'atmosphère. Il est facile de voir que chaque molécule du mélange ne peut être en équilibre au milieu des forces qui la sollicitent; que dans le cas où chaque partie du mélange renferme dans la même proportion les divers gaz; ce qui est conforme à l'expérience. En considérant le rayonnement d'une molécule d'un gaz, on parvient à une équation entre ce rayonnement et l'extinction correspondante de la chaleur par la molécule, analogue à l'équation que l'on a trouvée ci-dessus, dans le cas d'un seul gaz. Chaque

(6)

gaz du mélange fournit une équation semblable. La somme de
ces diverses équations multipliées respectivement par la densité
des gaz correspondants du mélange, comparée à l'expression de
la pression du mélange, donne ce théorême général, confirmé
par l'expérience, et qui renferme toute la théorie de ces mé-
langes.

« Si l'on conçoit plusieurs gaz renfermés séparément dans des
« espaces égaux, et à la même température; si l'on condense en-
« suite tous ces gaz dans un seul de ces espaces; lorsque le mé-
« lange aura pris la température primitive des gaz, sa pression
« sera la somme des pressions particulières que chaque gaz
« exerçait dans l'espace où il était primitivement enfermé. »

La même analyse fait voir que les deux lois de Mariotte et de
M. Gay-Lussac ont encore lieu, relativement à ce mélange;
chaque molécule de ce mélange pouvant être considérée comme
un groupe dans lequel les molécules de chaque gaz entrent dans
le même rapport que dans le mélange total.

Les principes que nous venons d'exposer donnent donc une
explication naturelle et simple des lois de la répulsion des fluides
élastiques. Mais, pour satisfaire à l'ensemble des phénomènes de
chaleur que les gaz nous présentent, il est nécessaire de considérer le calorique contenu dans chacune de leurs molécules,
comme y existant dans deux états différents; une partie de ce
calorique est libre, et il exerce une force répulsive qui, en écar-
tant les molécules les unes des autres, en forme un fluide élas-
tique : l'autre partie est latente ou combinée; dans cet état, le
calorique n'exerce aucune force répulsive sensible; mais il se
développe, soit dans le changement du gaz en liquide, soit par
la variation de densité du gaz. Les lois de répulsion des gaz dépendent de la première partie à laquelle seule on doit appliquer
les raisonnements précédents. Les phénomènes du développement de la chaleur des gaz dépendent à la fois de ces deux parties.

Les vibrations des molécules des gaz ou la vitesse du son en dépendent encore. Pour les déterminer, je considère chaque molécule d'un gaz comme un corps isolé dans l'espace, et soumis à l'action répulsive du calorique des molécules environnantes ; je parviens ainsi à une équation aux différences partielles, dont l'intégrale donne la vitesse du son ; et j'en conclus le théorème suivant que j'ai énoncé sans démonstration dans les Annales de Physique et de Chimie de l'année 1816.

« La vitesse du son est celle que donne la formule de Newton, « multipliée par la racine quarrée du rapport de la chaleur « spécifique du gaz sous une pression constante, à sa chaleur « spécifique sous un volume constant ».

Newton a fondé sa formule sur des principes différents. Il considère la pression de l'air, agissant sur une molécule aérienne, comme sur un corps d'une épaisseur sensible, ce qui n'est pas exact ; il suppose de plus la température de la molécule, constante pendant la durée de la vibration ; ce qui n'est pas. Aussi la vitesse du son, donnée par cette formule, est-elle trop faible d'un sixième. Cependant, malgré ses inexactitudes, elle me paraît être un des traits les plus remarquables du génie de son auteur. Pour déterminer le facteur dont j'ai parlé, et par lequel on doit multiplier cette formule, j'ai fait usage des expériences déja faites sur le développement de la chaleur des gaz par la compression, et spécialement d'une expérience de MM. Clément et Desormes, qu'ils ont insérée dans le Journal de Physique du mois de novembre 1819 ; et j'en ai conclu la vitesse du son, très-peu différente de celle que l'on a observée. Je ne doute point qu'en répétant avec un très-grand soin cette curieuse expérience ou d'autres semblables, on ne parvienne à déterminer ainsi la vitesse du son, au moins aussi exactement que par l'observation directe.

La théorie précédente revient à considérer chaque molécule

des corps, comme rayonnant du calorique par la force répulsive que le calorique des molécules environnantes exerce sur celui qu'elle contient.

Un espace qui renferme un système de corps, jouit d'une température constante, lorsque chaque corps y rayonne autant de calorique qu'il en absorbe. La densité du fluide discret, formé par tous les rayons caloriques, répandus dans cet espace, croît avec sa température, et peut lui servir de mesure : elle est représentée par les dilatations d'un thermomètre d'air à pression constante. Tous les espaces dans lesquels cette densité est la même, sont à la même température, et un corps en équilibre de température dans l'un de ces espaces, le sera dans tous les autres. La température d'un corps plus chaud que l'espace dans lequel il se trouve, est la densité du calorique de l'espace dans lequel il serait en équilibre de température.

Le calorique des molécules des corps y existe dans deux états différents : une partie de ce calorique est libre, et elle exerce une force répulsive dont la sphère d'activité ne s'étend qu'à des distances imperceptibles ; une autre partie est latente ou combinée, et dans cet état, elle n'exerce aucune force répulsive sensible ; mais elle se développe ou s'absorbe dans les changements d'état, et même de densité des corps.

Ces principes, appliqués aux gaz, satisfont aux lois de leur répulsion et de leurs vibrations, et aux phénomènes de chaleur qu'ils offrent dans leurs changements de densité et dans leur passage à l'état liquide.

DE L'IMPRIMERIE DE FIRMIN DIDOT, RUE JACOB, N° 24.